疯狂

聚焦远古时代

JUJIAO YUANGU SHIDAI

崔钟雷 主编

北方联合出版传媒（集团）股份有限公司
万卷出版公司

前言 QIANYAN

一提起恐龙，你首先想到的是什么？是雄霸地球的传奇？还是天下无敌的力量？是那流传世间的神秘故事？还是博物馆里令人震惊的巨大骨架？有人对恐龙充满恐惧，也有人对恐龙极度着迷，更多的人对恐龙非常好奇。

准备好了吗？翻开这套《疯狂的恐龙时代》丛书，在严谨的科普知识、调侃的语言和逼真的图片中，了解这个曾经令人神往的远古时代，一起走进充满趣味和知识的恐龙王国。

编　者

疯狂的恐龙时代 | FENGKUANG DE KONGLONG SHIDAI

CONTENTS 目录

地球的年龄

目前，天文学界普遍公认的地球的年龄约为46亿年，这段时间包括了地球从太阳星云中分离出来形成一个行星直至目前状态的全过程。在这段漫长的时间里，地球上发生了翻天覆地的变化。

地球的形成

形成过程

关于地球的形成过程，目前比较权威的理论认为，在太阳系形成初期，太阳星云中99%的物质在引力作用下向中间汇聚形成了太阳，分离出来的物质经过碰撞形成了围绕太阳旋转的行星，地球便是其中之一。但当时的地球是混沌一片的尘埃，经过长时间的引力作用，比重大的元素向地球中心汇聚形成地核，比重小的元素上浮形成了地幔和地壳，地球的原始形态就这样形成了。

最初形成的地球上为什么没有生命存在呢？

名字来源

地球这一名称最早可以追溯到古希腊哲学家亚里士多德，他从哲学和数学等方面出发，提出了“地球”这一名称。

小笨熊解密

早期的地球表面温度异常高，完全没有液态水的踪迹，因此，在这颗年轻的星球上是不可能有生命存在的。

早期的地球

早期的地球表面上覆盖着由融化的岩石形成的海洋。随着时间的推移，这片海洋又冷却形成了坚硬的岩石。但是火山还在继续喷发，火山不仅喷发出滚烫的岩浆，同时还释放出了地球内部深处的气体。这些气体形成了地球的大气层，但早期的大气是有毒的。

地球的形状

科学家经过长期精密的测量后，发现地球并不是一个规则的球体，而是一个两极略窄、赤道略宽的椭球体。一些科学家认为地球的形状有些像梨，因此地球也被说成是梨形体。

历史分期

地质年代

在地球46亿年的漫长发展过程中，细菌于38亿年前出现，此后单细胞生物和结构简单的多细胞生物缓慢发展。5.5亿年前，生物物种迅速增多，从这一时期开始，地球的历史被分成了古生代、中生代、新生代三个时代。

中生代

中生代因为恐龙的统治被称作恐龙时代。这个时代包含了三个时期，即三叠纪、侏罗纪和白垩纪。

古生代

古生代意为“古老生物的时代”，持续了3.5亿多年。古生代是动物界一个非常重要的大发展时期，但是关于那场进化浪潮至今还没有确切的解释。最终，这个时代还是被史上的一场大灭绝所终结。

确定历史分期有什么重要的作用吗?

人类的探索

古生物学家和地质学家通常协同工作，研究不同地质时期的动植物化石和矿物质等关键要素，以此了解地球在不同的历史时期所经历的变化，并试图通过信息的积累还原地球的历史。

小笨熊解密

将地球历史划分成特定的时期，并明确不同历史分期的特点和差别，有助于深入研究生命演化历程，探索地球生态系统的形成机制。

新生代

新生代是地球历史上最新的一个时代，以哺乳动物的空前繁盛为标志，因此又叫哺乳动物时代。在这一时代，生物界的面貌呈现出现代化的特点，人类也出现了。

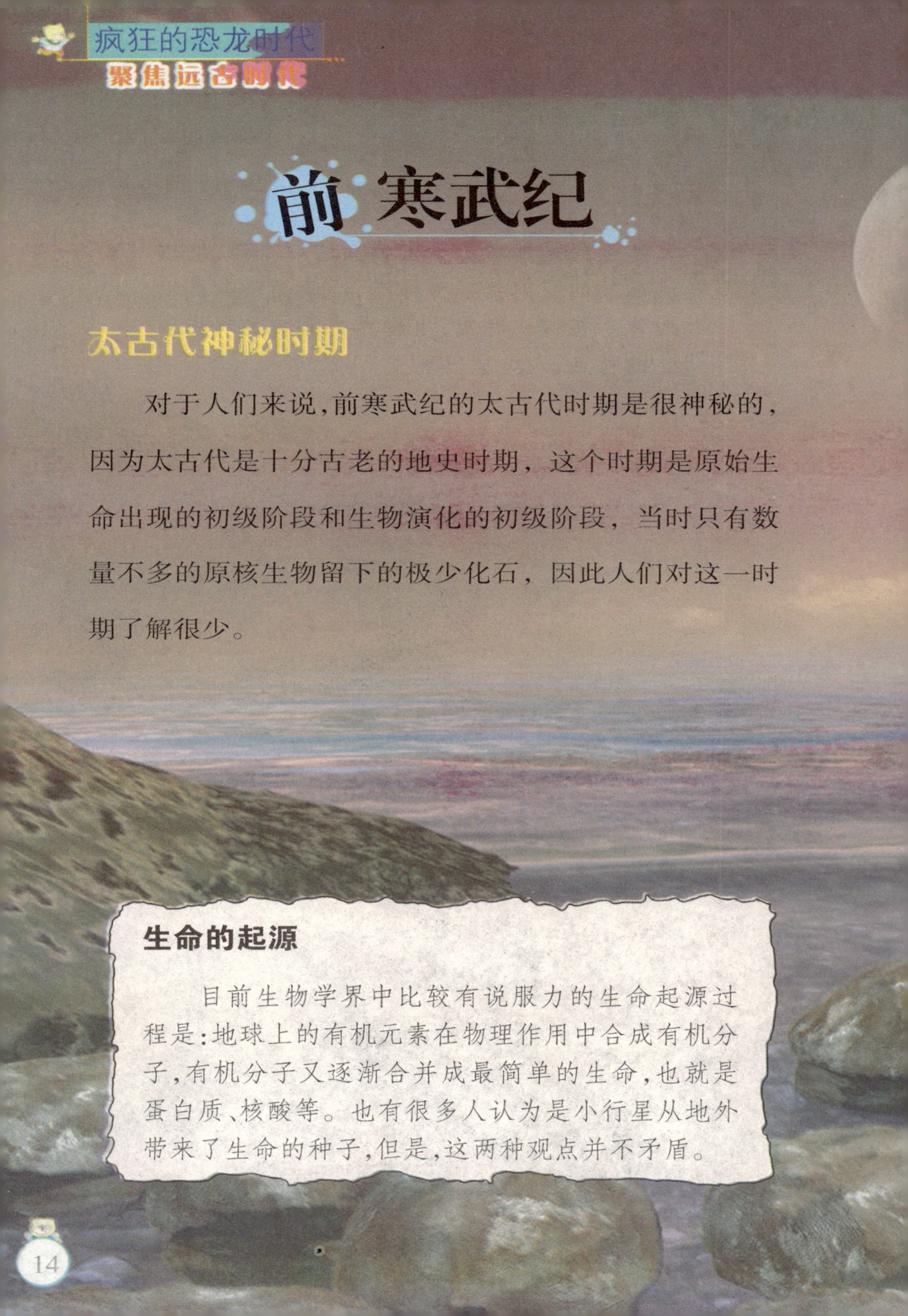

前寒武纪

太古代神秘时期

对于人们来说，前寒武纪的太古代时期是很神秘的，因为太古代是十分古老的地史时期，这个时期是原始生命出现的初级阶段和生物演化的初级阶段，当时只有数量不多的原核生物留下的极少化石，因此人们对这一时期了解很少。

生命的起源

目前生物学界中比较有说服力的生命起源过程是：地球上的有机元素在物理作用中合成有机分子，有机分子又逐渐合并成最简单的生命，也就是蛋白质、核酸等。也有很多人认为是小行星从地外带来了生命的种子，但是，这两种观点并不矛盾。

科普课堂

30亿年前，大片的陆地形成。大约9亿年前，它们结成了第一块超级大陆——罗迪尼亚大陆。7.5亿年前，罗迪尼亚大陆横穿赤道，开始向南移动，这导致了前寒武纪大冰期的发生。7.5亿~6.6亿年，罗迪尼亚大陆分裂成两半。到了前寒武纪末期，大陆又重新连成一个整体。

小笨熊提问

前寒武纪占了地球历史上大约八分之七的时间，为什么人们对于这段时间的了解非常少？

元古代生命出现

元古代是地史中的菌—藻类时代，在这一时期，生命形态进一步繁荣，原核生物演化成真核生物。仅在中国，古生物学家就发现了近二百种元古代时期的微古植物化石，地球从此不再荒芜了。

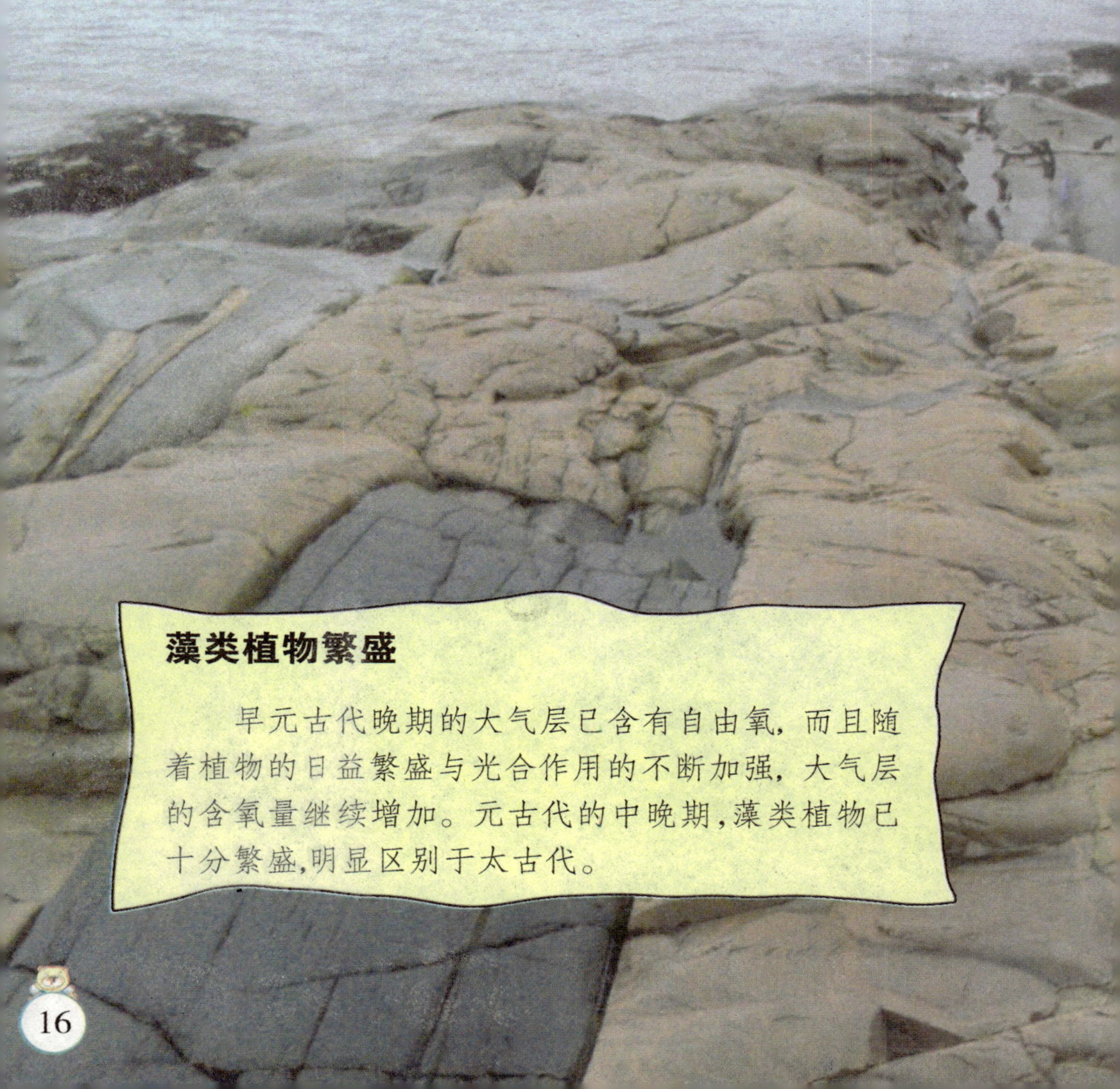

藻类植物繁盛

早元古代晚期的大气层已含有自由氧，而且随着植物的日益繁盛与光合作用的不断加强，大气层的含氧量继续增加。元古代的中晚期，藻类植物已十分繁盛，明显区别于太古代。

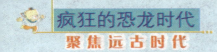

小笨熊解密

前寒武纪是距离我们最久远的一个时代，关于这一时代的化石记录很少，而且多数岩石已经严重受损变质，不适合作研究。

复杂多细胞生物出现

简单多细胞生物出现之后，复杂多细胞生物陆续出现，这些复杂多细胞生物包括多孔动物、刺胞动物、扁形动物等，刺胞动物和栉水母是最早发现有神经元的生物，但这种神经元只是一个简单的网，没有脑部或中央神经系统。

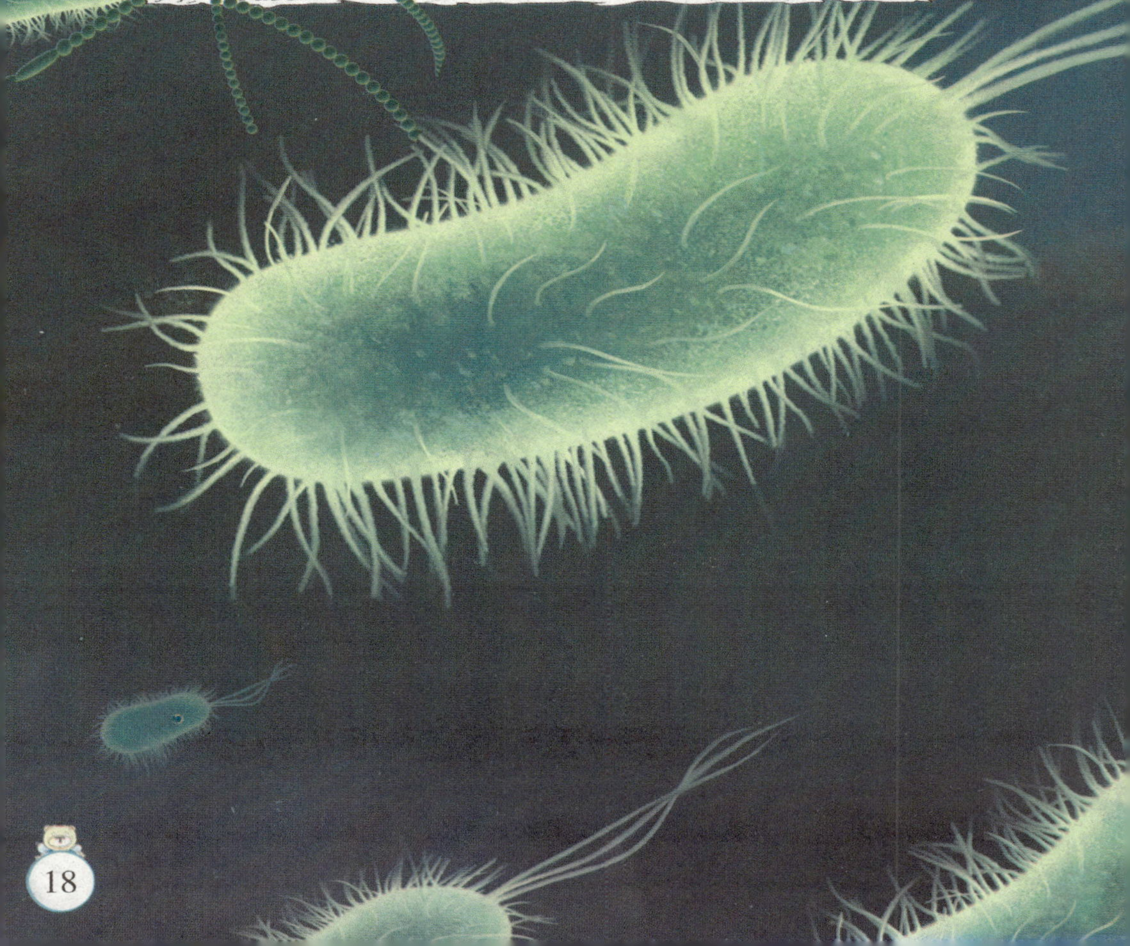

生命形态多样化

复杂细胞的出现

在前寒武纪为生命的出现奠定了基础之后，地球上出现了更多复杂的细胞。在这些复杂的细胞之中，甚至出现了有细胞器的真核生物。

小笨熊提问

在前寒武纪时期，生命形态是如何发展的呢？

臭氧形成

在寒武纪到来之前的最后一段时间，也就是5.8亿~5.4亿年前，地球上氧气的累积为臭氧层的形成创造了条件。臭氧层的形成可以阻挡太阳的有害辐射，为大型动物的生存提供了条件。

小笨熊解密

大约10亿年前，多细胞生物出现。大约6亿年前，海洋生命形态进一步丰富起来，大约5.8亿年前，氧气的积累造就了臭氧层，生命有了到陆地上发展的可能。

生命形态的丰富

随着大气中含氧量的不断提高，多细胞生物开始形成。这些多细胞生物又经过了长时间的演化，直到前寒武纪后期，地球上才出现了第一批真正意义上的动物，生命形态也开始变得丰富起来。

埃迪卡拉生物群

埃迪卡拉生物群是距今 6 亿 ~5.43 亿年广泛分布在世界各地的一个独特的生物群落。这也是迄今为止发现的最早的多细胞动物遗迹之一。

化石增多

寒武纪时期出现了很多具有坚硬的贝壳或骨骼的动物，这样的动物和以前的软体动物相比，更加容易形成化石。因此，在寒武纪时期，这些动物留下了大量的遗体化石，供科学家研究这一时期的气候和物种等。

三叶虫

三叶虫是寒武纪的标志。在寒武纪的生物中，三叶虫最为常见，因此，三叶虫成为了划分寒武纪的一个重要的依据。

寒武纪

寒武纪的分期

寒武纪开始于5.42亿年前，终止于4.88亿年前，分为三个时期，分别是始寒武纪、中寒武纪和后寒武纪。

小笨熊提问

寒武纪时期，一些软体动物开始向硬体进化。发生这种转变的原因是什么呢？

自然气候

寒武纪的气候很温暖，在这一时期，海平面升高，并且淹没了大片低洼地，形成了浅海地带，这样的地带为新物种的产生和生存创造了有利的条件。

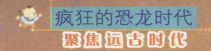

小笨熊解密

寒武纪时期，生命形态的多样化使生存竞争变得空前激烈，对生活在海底的动物来说，坚硬的躯体有利于它们在海底生存和觅食。

寒武纪时期的植物

寒武纪时期，除了三叶虫等动物外，还有植物群，这些植物群的形态和规模不是很大，主要是以藻类为主，同时也有一些微古植物。

寒武纪生命大爆发

生命大量出现

在地球形成的前几十亿年的时间，地球上都很少有生命出现。但是到了5.3亿年前的寒武纪时期，生命进化出现了飞跃式发展。在短短两千年的时间里，生命不仅大量出现，而且还呈现出了多样性的特点。

科学难题

寒武纪生命大爆发一直是古生物学和地质学上的一大悬案。这个问题一直困扰着学术界，被国际学术界列为“十大科学难题”之一。

小笨熊提问

寒武纪时期，为什么会出现生命大爆发呢？

达尔文的解释

达尔文在《物种起源》中也提出了“寒武纪生命大爆发”现象，并认为这很有可能是否定进化论的最有力证据，但他坚持认为寒武纪生物也一定是经过漫长进化发展而来的，寒武纪生物出现的“突然性”，是古老地层被海洋导致前寒武纪生物化石缺失造成的。

小笨熊解密

一些学者认为，寒武纪生命大爆发是氧含量或者海底布局的变化引起的。也有可能是生命进化达到了一个临界点，触发了一系列连锁反应，从而形成了许多新物种。

世界三大页岩型生物群

中国云南的澄江生物群、加拿大的伯吉斯生物群，以及凯里生物群共同构成了世界上三大页岩型生物群。这些生物群为生命大爆发提供了证据。

生命大爆发

寒武纪是生命进化过程中的一次大爆发，但是在这一时期出现的新物种中，有一些在寒武纪末期就灭绝了。但是现存的所有动物族群都是在这一时期产生的，其中包括人类所属的族群——脊索动物。

奥陶纪

地质活动

奥陶纪时期是海侵最广泛的一个时期，全世界大部分地区都有明显的海侵现象。同时，火山活动和地壳运动也比较剧烈。这些地质活动造成了全球气候的差异，也促进了冰川的形成。

灭绝事件

冈瓦纳古陆上曾形成了一个巨大的冰盖，冰盖致使全球气候急剧转冷。寒冷的气候终结了繁盛的奥陶纪动物群，全世界超过一半的动物都在这一时期灭绝了。

冈瓦纳古陆

奥陶纪时期，几乎所有大陆都在赤道南边。非洲与南美洲、南极洲和大洋洲相连，这些大陆共同构成了冈瓦纳古陆。

小笨熊提问

奥陶纪时期，动物的分布发生了什么变化呢？

生物特点

奥陶纪时期的气候温和，许多地区都被浅海覆盖，海生无脊椎动物空前发展，并进入了真正的繁盛时期。同时也是在这一时期，这些动物发生了明显的生态分异。陆生脊椎动物——淡水无颌鱼也在这一时期出现了。

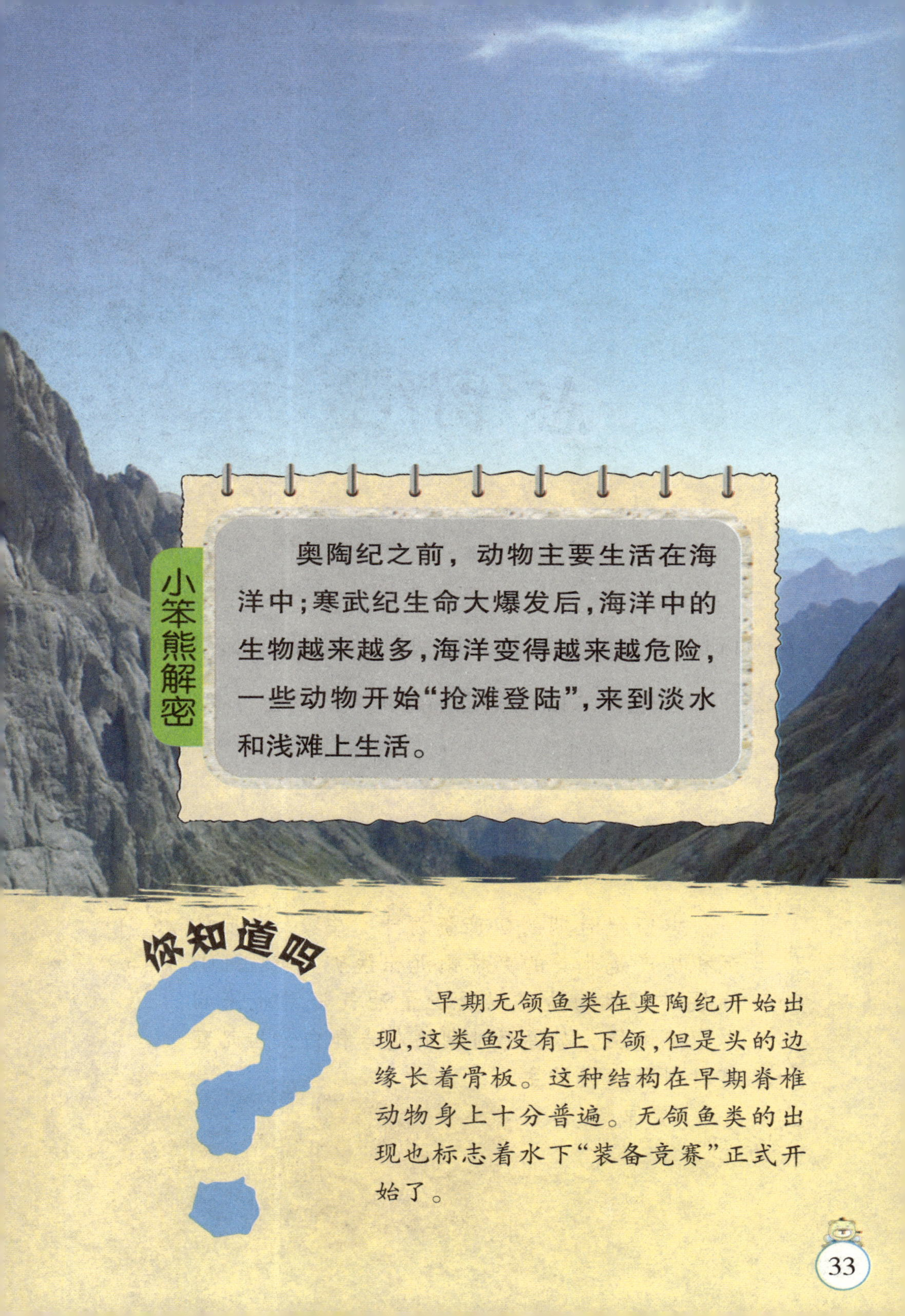

小笨熊解密

奥陶纪之前，动物主要生活在海洋中；寒武纪生命大爆发后，海洋中的生物越来越多，海洋变得越来越危险，一些动物开始“抢滩登陆”，来到淡水和浅滩上生活。

你知道吗

早期无颌鱼类在奥陶纪开始出现，这类鱼没有上下颌，但是头的边缘长着骨板。这种结构在早期脊椎动物身上十分普遍。无颌鱼类的出现也标志着水下“装备竞赛”正式开始了。

志留纪

地理环境

志留纪早期，气候变暖，海平面上升，季节差异性减小。而到了志留纪晚期，地壳运动强烈，小型大陆之间撞击形成了新的山脉，大陆面积也不断扩大。这也标志着地壳历史进入了转折时期。

矿产资源

志留纪时期的矿产资源十分贫乏，主要的沉积矿产是北美的克林顿沉积铁矿。美国10%的铁矿、20%的盐矿以及少量油气资源也来自志留纪地层。志留纪时期的灰岩和白云岩是建筑材料和水泥的主要原料。

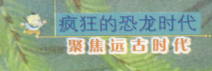

小笨熊提问

志留纪时期，陆地上的生物发生了哪些巨大的变化呢？

小笨熊解密

志留纪时期，第一种真正意义上的植物出现了，它们生长在沼泽中，形成了灌丛。除了陆生植物出现外，陆生动物在这一时期已变得非常普遍。

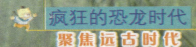

海蝎

海蝎是志留纪时期最大的海洋动物，也是志留纪时期水中的最高捕食者。它们既能生活在海洋中，也能生活在半咸的水域中。当它们在海底游动时，会给其他动物带来致命的威胁。

生物特点

与奥陶纪相比，志留纪时期的生物有了进一步发展。这一时期的海生无脊椎动物依然占主要地位，但是各门类下的种和属都发生了变化。脊椎动物也在这一时期发生了变化，第一种真正的有颚鱼类进化出来。

泥盆纪

植物特点

泥盆纪时期，地球上正经历着剧变。温热的气候使志留纪时期简单的矮生植物渐渐消失，取而代之的是更好地适应了水外环境的植物。而在泥盆纪即将结束之时，第一片森林形成了。

小笨熊提问

你知道泥盆纪生物界发生了怎样的变化吗?

“鱼类时代”

泥盆纪时期，脊椎动物经历了一次几乎是爆发式的发展，淡水鱼和海生鱼类都相当多，这些鱼类包括原始无颌的甲胄鱼类；有颌具甲的盾皮鱼类；以及真正的鲨鱼类，还有节颈鱼类。所以泥盆纪也被称为“鱼类时代”。

小笨熊解密

在泥盆纪，伴随地理变化而来的就是生物界的变化，表现为陆生植物和鱼形动物的空前发展，同时，两栖动物也开始出现，出现了生物从海洋向陆地过渡的局面。

陆地扩大

泥盆纪时期，地理面貌与之前相比有了巨大的变化，这种变化表现为随着大陆板块的运动，陆地逐渐变大，这样就为生物从海洋转向陆地创造了有利的条件。

繁盛的珊瑚

在泥盆纪，两种珊瑚非常繁盛，它们分别是泡沫型珊瑚和双带型四射珊瑚。泥盆纪的早期以泡沫型为主，到了中晚期，双带型珊瑚占主要地位。

植物成功登陆

泥盆纪时期，陆生植物裸蕨以及它的后代石松类、楔叶类和真蕨类开始大发展。到了泥盆纪晚期，这些植物构成了成片的森林，这标志着植物的成功登陆，也标志着植物的发展进入了新的阶段。

石炭纪

命名原因

石炭纪开始于距今3.5亿年，延续了约6500万年。由于这一时期形成的地层中含有丰富的煤炭，因而得名“石炭纪”。据统计，这一时期的煤炭储量约占全世界总储量的50%以上。

科普课堂

在此时期，除了陆生动物的飞速发展之外，海生无脊椎动物也有所更新。与泥盆纪相比，蜓类是石炭纪海生无脊椎动物中最重要的类群，腕足动物尽管在类群上减少，但数量多，依旧占据相当重要的地位。

小笨熊提问

石炭纪时期的植物是怎样变成煤炭的呢？

昆虫类崛起

在石炭纪，出现在泥盆纪的昆虫们开始了崛起，例如蟑螂类和蜻蜓类是石炭纪突然崛起的一类陆生动物，它们的出现与当时茂盛的森林密切相关，其中有些蜻蜓个体巨大，两翅张开最大可达 70 厘米。

壮观的蕨类森林

石炭纪早期的古蕨类植物延续生长，但只能适应于滨海低地的环境；石炭纪晚期，植物进一步发展，除了节蕨类和石松类外，真蕨类和种子蕨类也开始迅速发展。裸子植物中的苛达树成为造煤的重要材料之一。

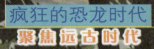

陆生生物飞速发展

石炭纪时期陆地面积继续扩大，加上气候温暖、湿润、沼泽遍布，陆地上形成了大规模的森林，这些都为陆生生物的发展提供了条件，陆生生物也因此在此时期得到了空前的发展。

小笨熊解密

石炭纪植物死亡后，枝干会很快下沉到沼泽中，枝干因此免于被外界破坏，并在压实等作用下变成泥炭。经过长时间压实，泥炭会变成褐煤，褐煤最后形成真正意义上的煤炭。

二叠纪环境

地壳运动活跃

二叠纪是地壳运动的活跃期，大陆板块的相对运动加剧，并且逐渐拼接在一起，形成联合古大陆，也叫泛大陆。这一时期的陆地面积进一步扩大，海洋范围缩小。

小笨熊提问

随着气候条件的变化，二叠纪的植物发生了怎样的变化呢？

你知道吗

二叠纪时期的沉积岩有很多不同的类型，这是因为在二叠纪时期，海水大致以欧亚东西向地槽带、环太平洋地槽带以及富兰克林、乌拉尔地槽带为活动中心，向邻近的大陆地区淹覆，以此形成了多种类型的沉积岩。

矿产资源

二叠纪时期的矿产资源十分丰富，这一时期也是主要的成煤期，二叠纪时期的煤炭不论在质还是在量上都占据重要地位。除了煤炭资源外，主要的矿产资源还有岩盐、钾盐、磷、铜、锰等。

气候变迁

二叠纪刚开始的时候，地球上的各大陆虽然是连在一起的，但是这块大陆十分广阔，因此大陆上的气候差异明显：北半球的大部分地区温暖干燥，而南半球的大部分地区气候较湿润。到了二叠纪末期，两极地区形成了冰盖，全球气温逐渐降低，最终导致二叠纪灭绝事件的发生。

小笨熊解密

石炭纪时期，陆地上大部分地区都属于热带，喜湿性植物广布。到了二叠纪时期，大部分地区变得炎热少雨，喜湿性植物被更加抗旱的针叶树和一些种子植物所取代。

火山爆发

在二叠纪时期，中亚及中国北部、西南部地槽带经历了一段复杂的褶皱、变质和广泛而强烈的火山活动，包括花岗岩侵入及中、酸性熔岩与凝灰岩的喷出。

二叠纪生物

植物群分类

二叠纪的植物群是以地理位置分类标准来分类的，欧亚大陆和北美为北方植物群，下分安加拉、欧美和华夏三个植物亚群，南大陆及印度半岛为舌羊齿植物群。

小莱熊提问

二叠纪时期，面对陆地上巨大的温差变化，爬行动物是如何调节体温的呢?

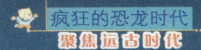

植物种类的变化

二叠纪以真蕨和种子蕨为主，晚期植物群有较大变化，鳞木类、芦木类、种子蕨、柯达树等趋于衰微或濒于绝灭，代之以较进化或耐旱的裸子植物，松柏类数目大为增加，苏铁类开始发展。

小笨熊解密

早期爬行动物会依靠太阳的照射获取能量:冷的时候沐浴在阳光中;热的时候躲在阴凉处。到了二叠纪晚期,爬行动物会利用分解食物的方式来调节体温。

昆虫时代

二叠纪被称为“昆虫时代”,这是因为在二叠纪时期,昆虫开始迅速发展,在石炭纪昆虫崛起的基础上,又新增了种类和数量,因此,这个时期叫作昆虫时代。

动物的发展

二叠纪时期干旱的气候形成了大面积的沙漠，这种环境的变化无疑给两栖动物带来了毁灭性的打击，许多两栖动物都在这一时期灭绝了，这为爬行动物的发展扫清了道路，爬行动物在此时迅速繁盛，但二叠纪末期的灭绝事件还是让超过半数以上的动物物种灭绝了。

盘龙

盘龙是一种二叠纪早期肉食性爬行动物，背部长有明显的“脊帆”，内部由骨质支柱支撑。“脊帆”既能帮助盘龙调节体温，也是它们用来求偶的工具。

三叠纪环境

起止时间

三叠纪是2.5亿至2亿年前的一个地质时代，介于二叠纪和侏罗纪之间，属于中生代的第一个纪，它的开始和结束各以一次灭绝事件为标志，但是开始和结束的准确时间还无法精确确定，有数百万年的误差。

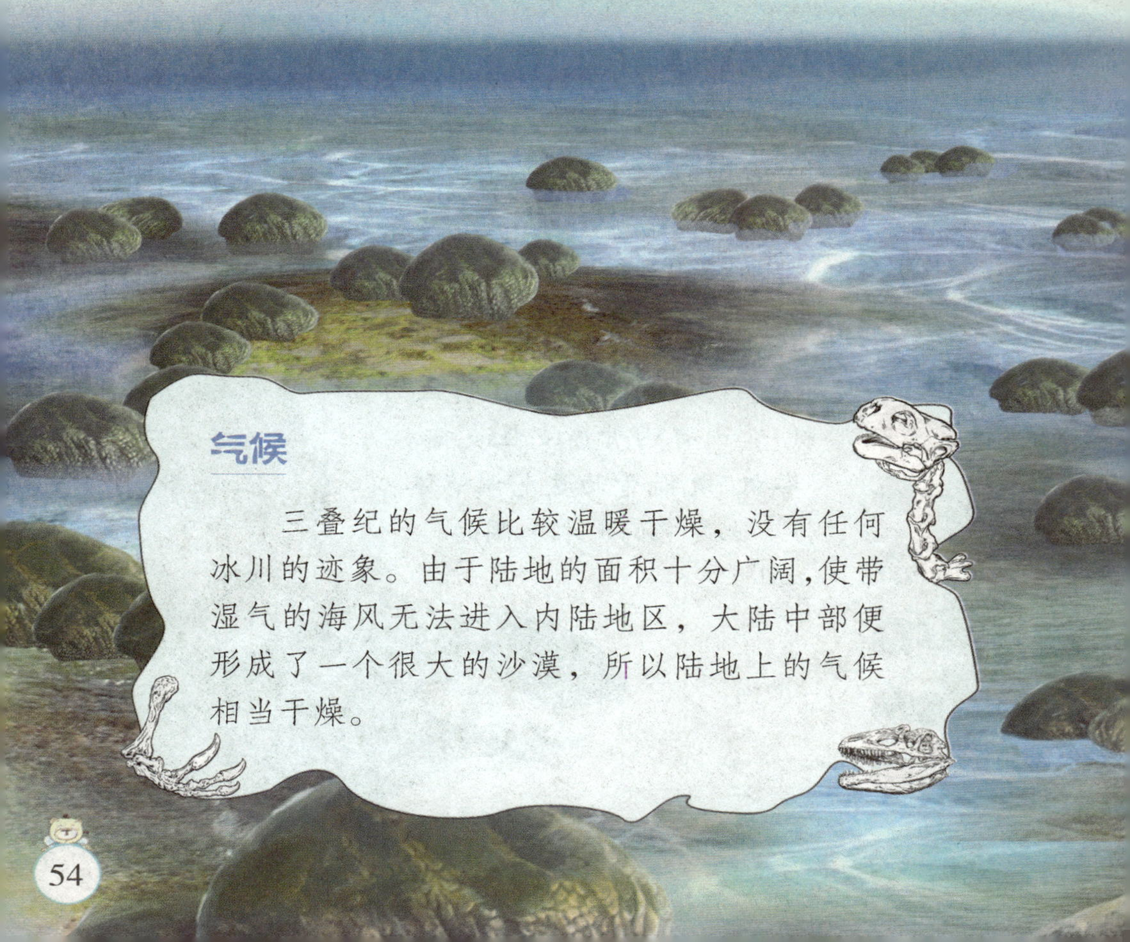

气候

三叠纪的气候比较温暖干燥，没有任何冰川的迹象。由于陆地的面积十分广阔，使带湿气的海风无法进入内陆地区，大陆中部便形成了一个很大的沙漠，所以陆地上的气候相当干燥。

海洋

泛古陆之外的地表上是一片一望无际的超大海洋，这个海洋横跨两万多千米，面积大小和今天的所有海洋的总面积差不多。而且由于当时地球上只有一个大陆，所以当时的海岸线比今天要短得多。

小笨熊提问

三叠纪是以一次灭绝事件开始的，那么这次灭绝之后出现了什么动物呢？

分层标准

在三叠纪时期，地球上只有一个大陆，所以当时的海岸线比今天要短得多。三叠纪时期遗留下来的近海沉积比较少，只有在西欧比较丰富，因此三叠纪的分层主要是依靠暗礁地带的生物化石来分的。

陆地

三叠纪时期地球只有一块大陆，称为泛古陆，分为北边的劳拉西亚古陆和南边的冈瓦纳古陆。到三叠纪中期，泛古陆开始出现分裂的前兆，在北美洲、欧洲中部和西部、非洲的西北部均出现了裂痕。

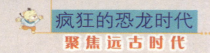

小笨熊解密

三叠纪的生物分化很厉害，这时候出现了六放珊瑚亚纲动物和第一批被子植物，第一种会飞的脊椎动物翼龙,可能也是这时候出现的。

三叠纪恐龙

恐龙的出现

三叠纪以爬行动物的崛起尤其是恐龙占据陆地生态系统支配地位为主要标志。三叠纪早期，以槽齿类为典型代表的爬行动物繁盛起来，到了三叠纪晚期，真正的优势陆生脊椎动物恐龙出现了。

小笨熊提问

祖龙与早期爬行动物相比有什么特点呢？

优异的掠食者

三叠纪时期，灭绝事件中幸存下来的类哺乳动物和爬行动物逐渐多了起来，但又逐渐被新的“祖龙类”取代。“祖龙类”是翼龙、鳄与恐龙的祖先。到了三叠纪中期，早期恐龙以优异的掠食者之姿出现。

空中的长尾翼龙

三叠纪与古生代不同的是，三叠纪的空中并不仅仅是昆虫的天下，到了中期，长尾翼龙类出现在了天空中，它们一进入空中就成为了昆虫的天敌，从而掌握了整片天空的绝对所有权。

三个主要的族群

虽然三叠纪时期的恐龙化石很少，但是从已有的化石中可以将那个时代的恐龙分成三个主要的族群，分别是兽脚类恐龙、蜥脚类恐龙和鸟脚类恐龙。

海洋中的动物

三叠纪的海洋中除了无脊椎动物及鱼类以外，还有爬行动物。随着爬行类动物进入海洋，它们逐渐成为蓝色世界的成功掠食者，其中以鱼龙类最为成功。

小笨熊解密

与早期爬行动物不同，祖龙的后肢比前肢长，且进化出了专门的足踝，能够以更加直立的姿势行走，而不是四肢弯曲笨重地爬行。

侏罗纪环境

远古温室效应

侏罗纪时期形成的地层分层非常明显，上面和下面都是红色地层，中间则是大量的煤矿资源，显示出侏罗纪晚期曾爆发全球性的温室效应。

小笨熊提问

侏罗纪时期的温室效应造成了哪些影响呢？

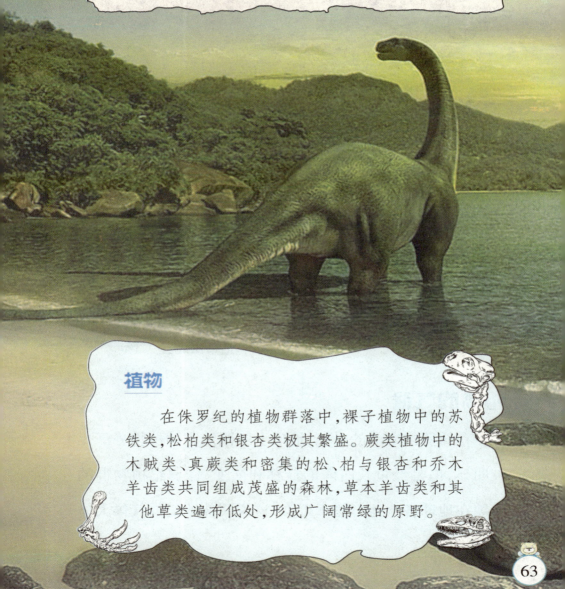

昆虫

侏罗纪的昆虫更加多样化，大约有一千种以上的昆虫生活在森林中及湖泊、沼泽附近。除原已出现的蟑螂、蜻蜓类、甲虫类外，还有蛴螬类、树虱类、蝇类和蛀虫类。这些昆虫绝大多数都延续生存到现代。

植物

在侏罗纪的植物群落中，裸子植物中的苏铁类，松柏类和银杏类极其繁盛。蕨类植物中的木贼类、真蕨类和密集的松、柏与银杏和乔木羊齿类共同组成茂盛的森林，草本羊齿类和其他草类遍布低处，形成广阔常绿的原野。

小笨熊解密

侏罗纪时期二氧化碳浓度急剧上升，引发严重的温室效应。这场温室效应使侏罗纪时期的温度上升了 5℃~10℃，地球上严重缺氧，海平面上升，很多生物物种灭绝。

相似的气候

在侏罗纪之前的时期，地球上不同地方的植物分区比较明显，但是经过长时间的迁移和演变，侏罗纪植物群的面貌在地球各个地方趋于近似，这说明侏罗纪的气候大体上是相近的。

你知道吗

在侏罗纪晚期地层中发现的“始祖鸟”化石被公认为是最古老的鸟类代表，我国辽宁发现的侏罗纪时期的“中华龙鸟”化石也得到了国际学术界的广泛关注，为研究羽毛的起源、鸟类的起源和演化提供了新的重要材料。

小莱熊提问

为什么侏罗纪时期的肉食性恐龙会进化出庞大的体形呢？

肉食性恐龙

在侏罗纪时期，主要的肉食性恐龙是大型兽脚类恐龙，它们以植食性恐龙为食，也有一些小型兽脚类恐龙，如空骨龙类和细颚龙类等，它们既可以追捕小型猎物，也可能以腐肉为食。

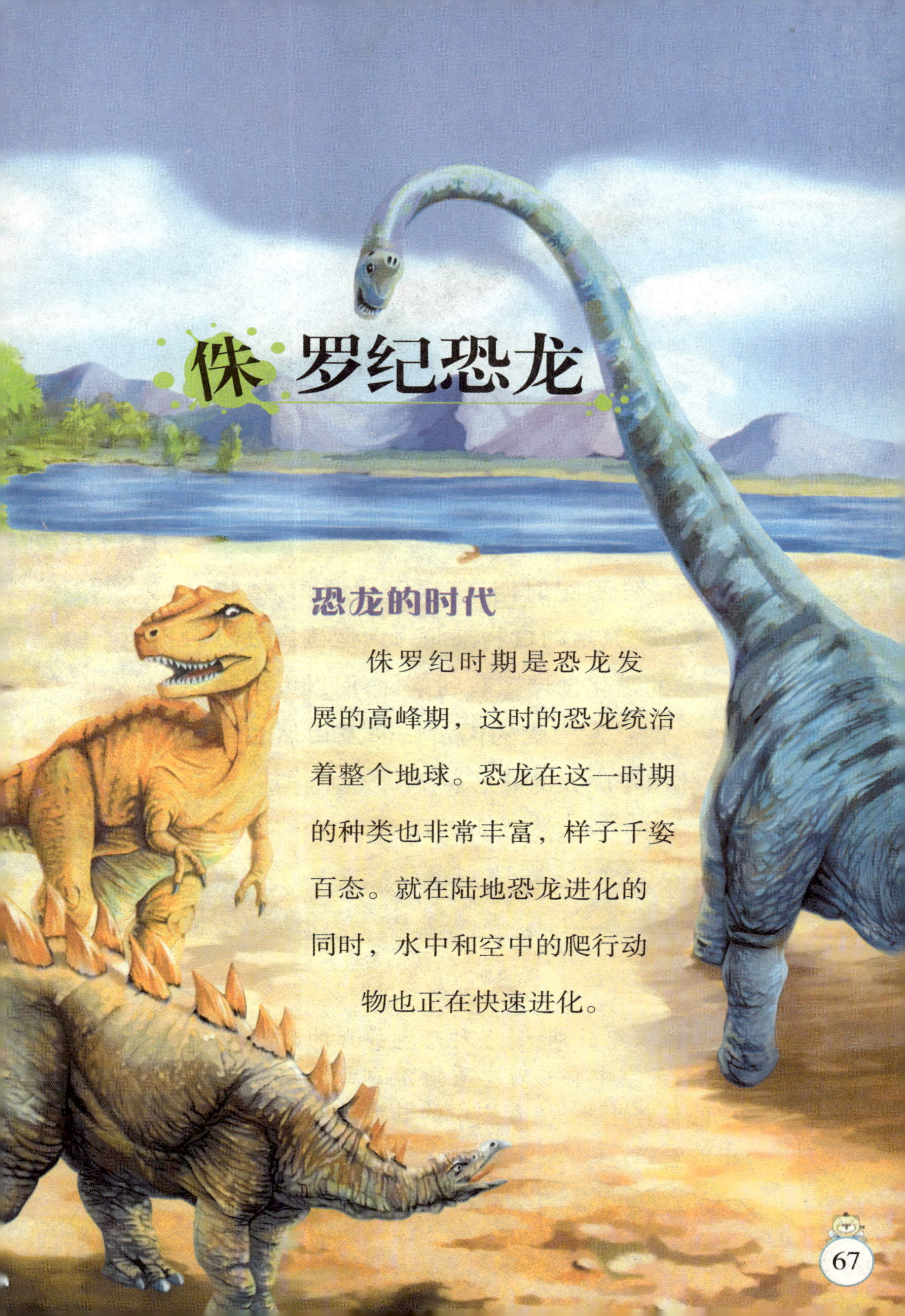

侏罗纪恐龙

恐龙的时代

侏罗纪时期是恐龙发展的高峰期，这时的恐龙统治着整个地球。恐龙在这一时期的种类也非常丰富，样子千姿百态。就在陆地恐龙进化的同时，水中和空中的爬行动物也正在快速进化。

小笨熊解密

佚罗纪时期，气候温暖湿润，植物遍布，充足的食物来源为大型植食性恐龙的进化创造了有利条件，而以大型植食性恐龙为食的肉食性恐龙自然也进化出了庞大的体形。

空中霸主

佚罗纪时期，是多种恐龙并存的时期，除了陆地上，天空中有长着皮质翅膀的翼龙类。它们是空中的优势生物，捕食空中的其他生物，成为当时空中的霸主。

植食性恐龙

在侏罗纪时期，主要的植食性恐龙有原蜥脚类恐龙和鸟脚类恐龙。到了侏罗纪晚期，巨大的蜥脚类恐龙占据了生存的优势，成为了侏罗纪晚期植食性恐龙的代表。

科普课堂

侏罗纪时期伪龙类和板齿龙类都绝种了，但鱼龙存活了下来，生活在浅海中的动物还有一群四肢已演化成鳍状肢的海鳄类和硬骨鱼类。其他的海洋生物还有蛇颈龙和短龙，到了晚期，鱼龙和海鳄类逐渐步向衰亡。

白垩纪环境

气候变化

在白垩纪，随着大陆的分离，气候也不是像以前一样每个地区几乎相同，而是不同的地区有所变化。高纬度地区的降雪增加，热带地区比三叠纪、侏罗纪更为潮湿。较低纬度可见季节性的降雪。

陆地分布

在白垩纪时期，盘古大陆已经完全分裂成了现在我们所认识的各个大陆，但是位置还不是现在的位置。初期冈瓦纳大陆仍未分裂，而后南美洲、南极洲、澳大利亚相继脱离非洲，印度和马达加斯加还连在非洲上。

小笨熊提问

白垩纪时期的植物是面貌是怎样的?

关键时期

白垩纪是中生代最后一个纪，同时也是最引人注目的一个地质时期。在这一时期，生命演化经历了翻天覆地的变化，而发生在白垩纪末期的灭绝事件则成为了中生代与新生代的分界线。

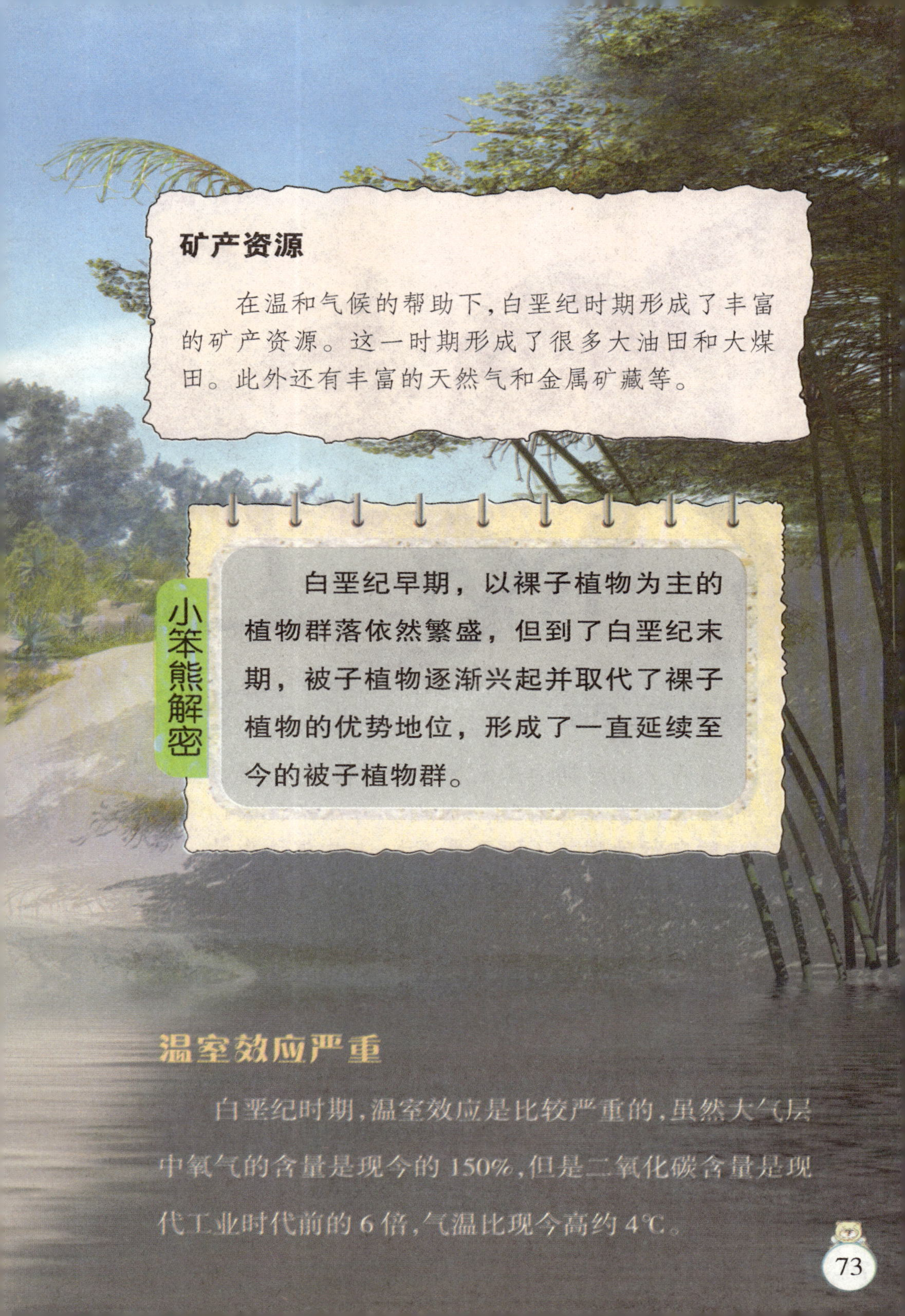

矿产资源

在温和气候的帮助下，白垩纪时期形成了丰富的矿产资源。这一时期形成了很多大油田和大煤田。此外还有丰富的天然气和金属矿藏等。

小笨熊解密

白垩纪早期，以裸子植物为主的植物群落依然繁盛，但到了白垩纪末期，被子植物逐渐兴起并取代了裸子植物的优势地位，形成了一直延续至今的被子植物群。

温室效应严重

白垩纪时期，温室效应是比较严重的，虽然大气层中氧气的含量是现今的150%，但是二氧化碳含量是现代工业时代前的6倍，气温比现今高约4℃。

种类达到极盛

白垩纪时期的恐龙种类达到极盛，最著名的霸王龙就生活在这一时期。海洋中巨大凶猛的爬行动物并不亚于霸王龙，其中混龙类的上龙和海生蜥蜴类的沧龙身长可超过15米，比我们认识的逆戟鲸和大白鲨都大。

小笨熊提问

究竟是什么原因导致恐龙和大批生物突然灭绝？

白垩纪恐龙

恐龙家族的兴衰

在经历了侏罗纪时期的大发展后，恐龙家族在白垩纪继续统治地球。恐龙的种类持续增多，而恐龙的身体特征、生活习性也更加多样化，恐龙家族在统治地球生态系统的过程中达到了极盛。但在白垩纪末期，恐龙家族彻底消亡了。

大灭绝事件

白垩纪末期，地球上发生了一次大灭绝事件。这次灭绝事件导致海洋和陆地上的动物大量灭绝，只有少量物种残存。而统治了地球一亿六千五百万年的恐龙也在这一时期灭绝了。

翼龙

白垩纪中到晚期是翼龙繁盛的时期，它们像飞机一样在天空中滑翔，但是面对鸟类的分化，翼龙的地位受到了严重威胁。在白垩纪末期，翼龙的种类已相当稀少。

小笨熊解密

恐龙为什么灭绝一直是一个难解之谜，目前普遍被大家接受的观点是陨石撞击说，但其他因素，如火山爆发，可能也加速了恐龙灭绝的进程。

白垩纪的海洋

在白垩纪的海洋中，除了生存着我们认识的鳐鱼、鲨鱼和其他硬骨鱼之外，还生存着鱼龙类、蛇颈龙类和沧龙类。

物种多样化

生态环境

在恐龙灭绝近千万年后，地球终于又恢复了生机。物种的多样化恢复了生态系统的平衡，物种的进化则进一步丰富了地球上的生命形态，现今的生态系统结构也就是从这一时期开始形成的。

水生动物的发展

随着中生代的结束，大型水生动物大部分已经灭绝。一些更现代、更容易辨认的海洋生物完成了进化。鱼类的发展也更接近现代，新的贝壳类动物也出现了。

小笨熊提问

为什么一些物种能在白垩纪灭绝事件中幸存下来呢？

物种的多样化

白垩纪灭绝事件后，除了有一些物种幸存下来外，地球上又出现了一些新的物种。哺乳动物的生命形态进一步丰富，两栖动物、爬行动物继续进化。鸟类成为了主角，并进化出了成千上万不同的品种。

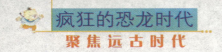

小笨熊解密

在灭绝事件中，存活下来的动物体形较小且觅食能力较强。它们有的食性变化大，有的生活在河床地区，受灭绝事件影响小。

科普课堂

白垩纪灭绝事件最大的幸存者就是鳄类动物。大部分鳄类动物都保留了水栖习性，但有些物种却放弃了这种生活方式，来到陆地生活和捕食。为了适应陆地的生活，有些动物的爪子逐渐进化成了蹄状。

小笨熊提问

在古近纪时期，地球上发生过什么重大的灾害呢？

古近纪环境

地理分布

古近纪时期，大陆内部的海侵范围已经明显缩小，地壳运动奠定了许多山脉的雏形，很多大陆已经与现代的面貌很接近了，但是当时的大洋洲依然处于岛屿化的进程中，北美洲和南美洲也被海洋隔开了。

大陆位置

古近纪时期，冈瓦纳古陆继续分裂，南美洲依然是一块面积巨大的岛屿，大西洋变宽。古近纪晚期，印度板块与亚洲板块产生了碰撞，大洋洲开始向北漂移，与南极洲的距离越来越远，但是还未达到今天的位置。

气候特点

古近纪时期，全世界的气候都是温暖炎热的，大量降雨形成了大片的热带雨林和沼泽丛林。古近纪晚期，南极冰盖形成，海平面下降，气候变得凉爽，温带地区的热带丛林被落叶林和针叶林所取代。

小笨熊解密

在古近纪的始新世时期，地球上爆发了一场比较严重的全球变暖事件。这次事件导致了海洋中的含氧量降低，海洋中的很多生物也因此灭绝。

你知道吗

古近纪旧称早第三纪，是新生代的第一个纪，包括古新世、始新世和渐新世三个时期。

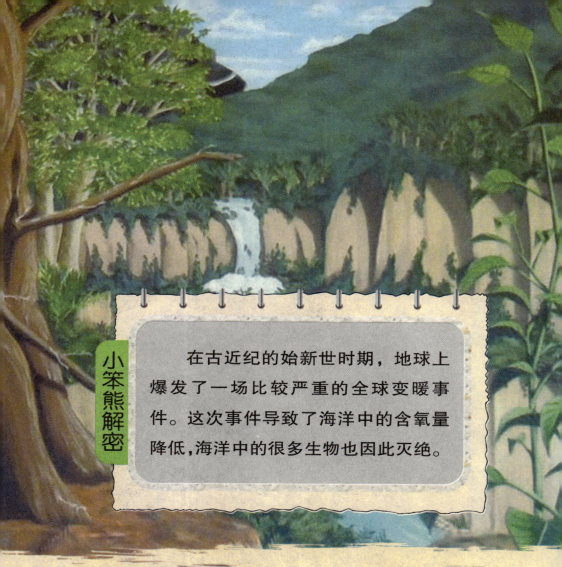

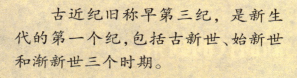

古近纪生物

新时代的到来

古近纪是白垩纪的下一个时代，在白垩纪末期，统治中生代一亿六千万年的霸主恐龙灭绝了，地球也因此从中生代进入到了新生代，这给许多其他动物带来了新的发展机遇。

植物的发展

从白垩纪晚期开始，地球上的植物以被子植物为主。到了古近纪时期，被子植物依然占主导地位，而且发展得日趋繁盛。

小笨熊提问

古近纪早期的肉食性动物的牙齿有什么特点呢？

鸟类崛起

白垩纪灭绝事件改变了鸟类的生活方式。对于会飞的鸟类来说，翼龙的消失减少了它们捕鱼时的劲敌；而对于不会飞的鸟类来说，它们得到了进一步进化，成为了强大的掠食者。

两栖爬行动物

气候温暖的热带雨林地区很适合两栖和爬行动物的发展。在这一时期，两栖爬行类动物迅速繁盛起来，但是它们却没能像恐龙那样统治陆地。

哺乳动物的发展

哺乳动物在刚开始出现时并不起眼，但是后来它们经历了进化狂潮。随着大型植食性动物的消失，植食性哺乳动物有了更广泛的食物来源。大型肉食性动物的消失，也使哺乳动物免遭猎食。至此，哺乳动物填补了恐龙的空缺，成为了陆地上最主要的动物族群。

小笨熊解密

古近纪早期的肉食性动物都有适合咬住和咬断肉类的牙齿，这类牙齿位于口腔前部，能够刺入猎物体内，一些物种甚至进化出了相当长的犬齿。

新近纪环境

山脉的形成

新近纪时期的大陆已经不像古近纪时期那样分散。新近纪早期，非洲板块与欧洲板块相互碰撞，形成了阿尔卑斯山脉。印度板块与亚洲板块的碰撞使喜马拉雅山上升。北美洲的落基山脉和南美洲的安第斯山脉形成。

小笨熊提问

新近纪晚期时，西半球上发生了什么重要事件呢？

海陆分布

新近纪时期，海洋占据的面积较大，陆地所占面积较小。法国西海岸、北欧地区被大西洋所占；北美洲西海岸、墨西哥海湾也被海洋所占；而中国的渤海和黄海等大部分地区当时还是陆地。

地理环境

新近纪早期，南极冰帽已经覆盖了整个南极大陆，全世界的气候都因此变得很清凉。在这种气候条件下，亚洲、非洲、美洲形成了大面积的草原。新近纪晚期，气候依然寒冷，北极地区也出现了巨大的冰帽，森林逐渐消失，草原继续扩展。

第三纪

第三纪于18世纪定名，包括早第三纪（古近纪）和晚第三纪（新近纪）两个时期。当时的人们认为第三纪是地球在远古时代中第三个重要的时间区，于是就将这一时间段命名为第三纪。

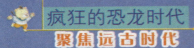

历史时期

新近纪，旧称晚第三纪，是新生代的第二个纪，包括中新世和上新世两个时期。

小笨熊解密

新近纪之前，北美洲和南美洲本来是彼此分离的。但是到了新近纪晚期，北美洲和南美洲被一条狭窄的地峡——巴拿马地峡连接到了一起。

小笨熊提问

在新近纪时期，大片的草原为什么能够形成呢？

有袋类哺乳动物

有袋类哺乳动物曾遍布欧洲、北美洲和南美洲，在新近纪时期迁移到了大洋洲。后来，板块漂移带走了一部分有袋类哺乳动物，它们在北美洲和欧洲已经灭绝。但是南美洲和大洋洲的有袋类哺乳动物却存活了下来，并一直存在至今。

新近纪生物

总体特点

新近纪时期生物界的总面貌与现今十分接近。在植物界中，高等植物与现代植物的差别很小；低等植物中，淡水硅藻比较常见。在动物界中，动物们的发展呈现出多样化的态势。

可怕的鸟类

新近纪时期，大型肉食性鸟类依然是世界上可怕的掠食动物，生存于南美洲的泰坦鸟就是一个典型的代表。它们的生存能力很强，有竞争力的北美洲动物迁移到南美洲时，南美洲很多动物都灭绝了，而顽强的泰坦鸟却存活了下来并挺进了北美洲。

灵长类的发展

新近纪是灵长类发展的一个重要时代。灵长类动物原本是生活在树上的，但是随着新近纪时期森林面积的减少，很多地区的灵长类动物已经离开了树木，来到了地面生活。

小笨熊解密

在新近纪时期，气候变得越来越干燥，很多植物因为被动物采食而死。但是当时以青草为食的动物并不多，草原面积因此迅速扩大。

动物的发展

新近纪时期的哺乳动物有了新的发展，以体形变大为主要特征。海洋中的无脊椎动物，如货币虫已经灭绝，取而代之的是有孔虫类；六射珊瑚大量发展，形成了大型珊瑚礁。具有现代形态的鱼类已经出现，原始的鲸类也有了进一步的演化。

第四纪环境

冰川时代

从第四纪早期开始，地球进入了一个冰川时代，北半球的大部分地区都被冰层覆盖着，即使是高山地区也布满了冰川。此后的150多万年的时间里，地球至少又经历了4次冰河时期。

冰河世纪是什么原因引起的，它又对地球的生态系统有什么影响呢？

历史分期

第四纪是新生代最新的一纪，包括更新世和全新世两个时期。更新世占第四纪的大部分时间，跨越了整个冰河世纪。而全新世是最年轻的地质时期，从一万年前左右延续至今。

气候特点

第四纪的气候呈现出冰期和间冰期的交替模式，冷暖变化明显。当地球进入冰期时，气温下降，大量的水会冻结成冰，导致海平面下降，降雨形式也会随之改变。而当间冰期到来时，气温会稍变高，降水量会随之减少。

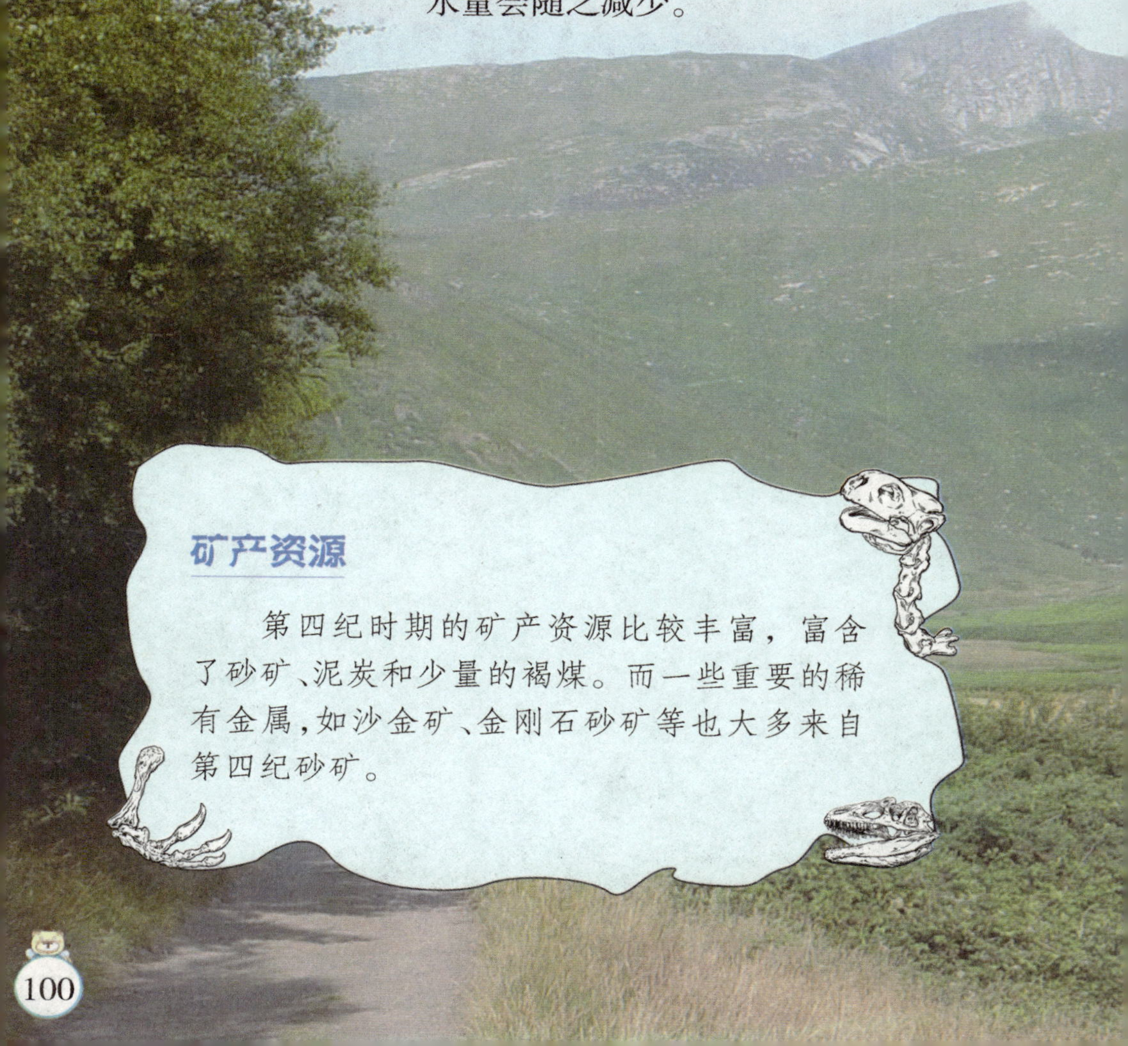

矿产资源

第四纪时期的矿产资源比较丰富，富含了砂矿、泥炭和少量的褐煤。而一些重要的稀有金属，如沙金矿、金刚石砂矿等也大多来自第四纪砂矿。

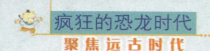

小笨熊解密

冰河世纪一般都与地球绕太阳公转的轨道变更有关。冰河世纪的到来不仅能影响地球的平均温度，还会对植物和动物的生存产生一定的影响。

第四纪生物

生物的进化

与第三纪相比，第四纪生物发生了明显的变化。哺乳动物得到了进一步进化，而相比动物的快速发展，植物的进化则显得十分缓慢。冰川时代的到来，给陆生动物带来一次不小的挑战，到第四纪后期，很多大型陆生哺乳动物都惨遭灭绝。

猛犸象

猛犸象是冰河世纪最著名的哺乳动物，是地球上曾经最大的象。它们进化出了一层厚厚的毛发，又长又厚的绒毛能够帮助它们抵御严寒。

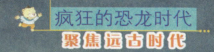

小笨熊提问

第四纪时期地球生物进化史上发生了一次重要的事件，你知道是什么吗？

小笨熊解密

第四纪时期所有生物都呈现出了现代化的特点，但是最重要的一次进化事件就是灵长类完成了从猿到人的进化。人类出现并迅速发展，成为了进化最成功的物种。

适应环境的改变

气候的变化直接影响了生物的变化。第四纪冰期时，大陆冰盖向南移动，动植物或是随之南移，或是为了适应寒冷的环境而长出了厚厚的毛发，如猛犸象、披毛犀和长毛犀牛。到了间冰期时，动植物又会向北迁移。

动物的灭绝

第四纪后期时，北美地区哺乳动物近七成的属都灭绝了，在欧洲和美洲这个比例要小很多。而关于动物灭绝的原因，学者提出了两个观点：一是人类的狩猎；二是环境的变迁。

你知道吗

大型哺乳动物无疑是冰河世纪最强大的统治者，但是在一些小岛，如马达加斯加岛和新西兰岛，并不存在大型哺乳动物。那里最大的动物就是不会飞的鸟类，这些鸟类进化出了庞大的体形，并逐渐统治了这些岛屿。

哺乳动物的兴盛

早期哺乳动物

最早的哺乳动物在侏罗纪晚期就已经出现了，此时的哺乳动物以卵生的方式繁殖后代，到了白垩纪，哺乳动物进化出与卵生方式完全不同的繁殖途径——胎生，这种繁殖方式大大提高了哺乳动物幼崽的成活率，提高了哺乳动物对环境的适应能力。

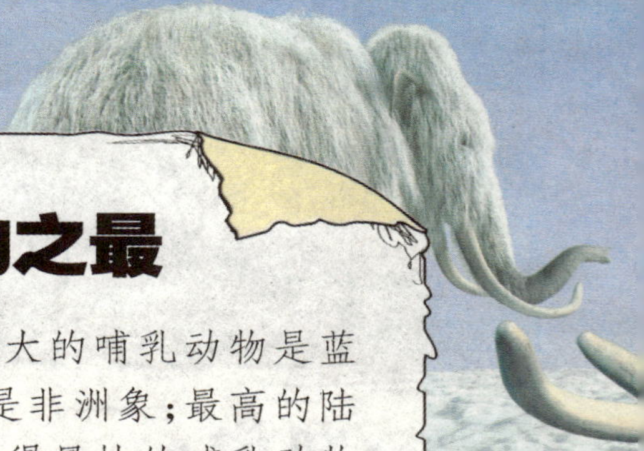

哺乳动物之最

目前，人们已知的最大的哺乳动物是蓝鲸；最大的陆生哺乳动物是非洲象；最高的陆生哺乳动物是长颈鹿；跑得最快的哺乳动物是猎豹。

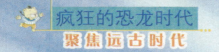

小笨熊提问

与其他动物相比，哺乳动物具备哪些生存优势呢？

哺乳动物的发展

中生代结束后进入了新生代，哺乳动物的生命形态向更高级方向发展：部分哺乳动物回到海洋成为大型猎食者；空中也出现了哺乳动物飞行的身影；而陆地则被进一步演化的哺乳动物占据。至此，哺乳动物取代恐龙，占据了地球生态系统的统治地位。

分类

哺乳动物的种类繁多，分布广泛。动物学家估计，目前世界上有5 400种哺乳动物。这些哺乳动物大约分为1 200个属，153科。

爱干净的哺乳动物

哺乳动物体表的毛发很容易脏，这也为寄生虫提供了温床。为了避免寄生虫滋生，哺乳动物都很爱干净。它们保持清洁的方法也各不相同：有舌舔、抖动、抓痒、摩擦、轻咬等。

小笨熊解密

哺乳动物的智力和感觉能力与其他动物相比有了进一步发展：它们的大脑相对发达、用肺呼吸、体表有毛、体温恒定、繁殖效率更高、获得食物以及处理食物的能力更强。

成长过程中的感悟

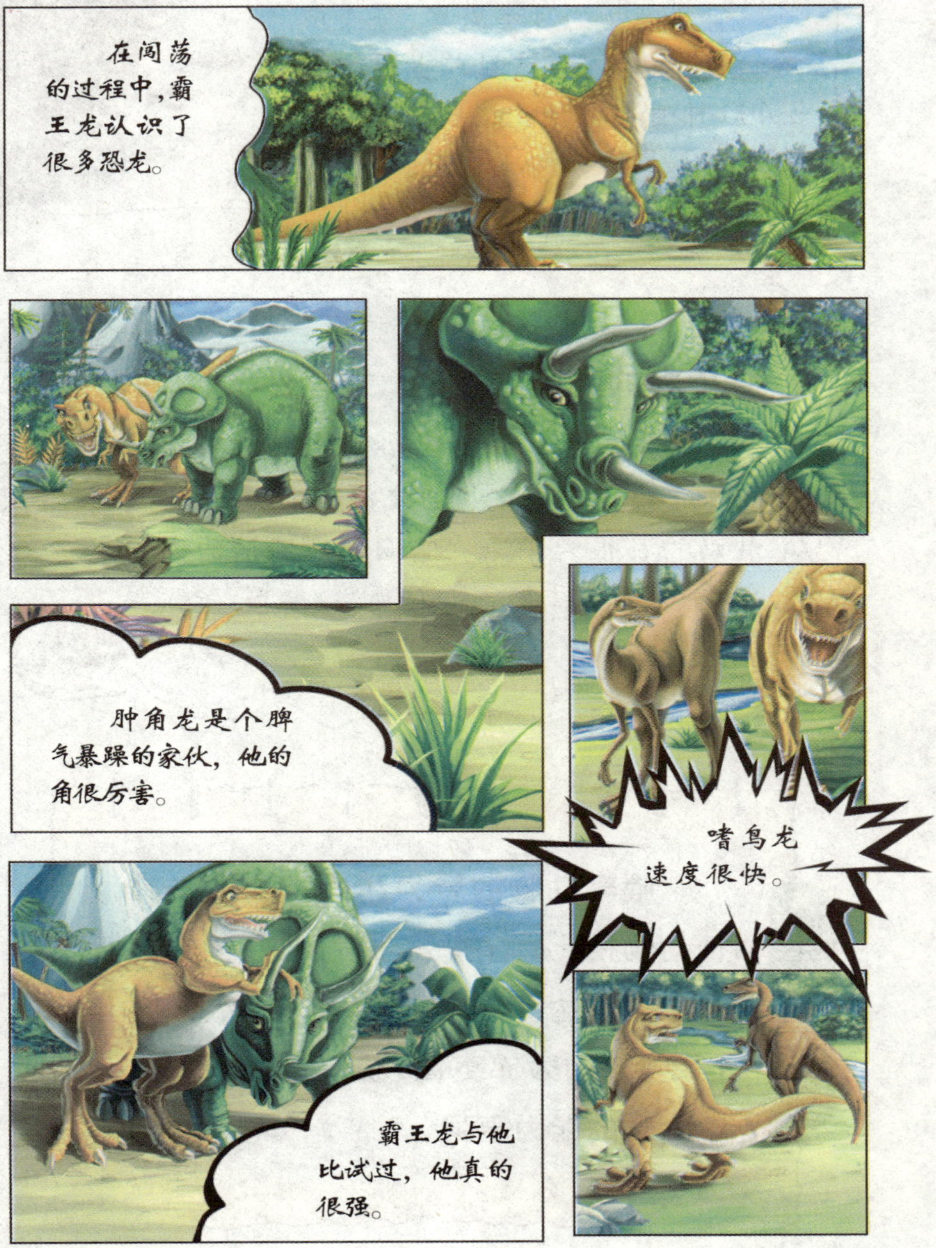
在闯荡的过程中，霸王龙认识了很多恐龙。
肿角龙是个脾气暴躁的家伙，他的角很厉害。
霸王龙与他比试过，他真的很强。
嗜鸟龙速度很快。

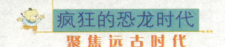

他可以追捕猎物，也可以逃脱猎食者的攻击。
阿拉莫龙是个“大个子”，很少有猎食者敢惹他。
胄甲龙依靠骨甲和利刺抵御猎食者。
霸王龙明白，每种恐龙都有自己的生存本领，自己一定要变得更强才能成为真正的王者。

图书在版编目(CIP)数据

聚焦远古时代 / 崔钟雷主编. —沈阳：万卷出版公司，2013.10（2019.6 重印）
（疯狂的恐龙时代）
ISBN 978-7-5470-2583-3

Ⅰ.①聚… Ⅱ.①崔… Ⅲ.①恐龙－儿童读物 Ⅳ.①Q915.864-49

中国版本图书馆 CIP 数据核字（2013）第 151716 号

出版发行：北方联合出版传媒（集团）股份有限公司
万卷出版公司
（地址：沈阳市和平区十一纬路 29 号 邮编：110003）
印 刷 者：北京一鑫印务有限责任公司
经 销 者：全国新华书店
开 本：690mm × 960mm 1/16
字 数：100 千字
印 张：7
出版时间：2013 年 10 月第 1 版
印刷时间：2019 年 6 月第 4 次印刷
责任编辑：张 黎
策 划：钟 雷
装帧设计：稻草人工作室
主 编：崔钟雷
副 主 编：王丽萍 张文光 翟羽朦
ISBN 978-7-5470-2583-3
定 价：29.80 元

联系电话：024-23284090
邮购热线：024-23284050/23284627
传 真：024-23284521
E-mail：vpc_tougao@163.com
网 址：http://www.chinavpc.com

常年法律顾问：李福

如有质量问题，请与印务部联系。
联系电话：024-23284452